AF357132

DE LA
CACHEXIE AQUEUSE

ou

POURRITURE

DES BÊTES OVINES

SES CAUSES, SES SYMPTÔMES
ET SON TRAITEMENT PRÉSERVATIF ET CURATIF

Par M. P. BUGNIET

Médecin-Vétérinaire, lauréat de l'école impériale vétérinaire de Toulouse, Inspecteur de l'Abattoir de la ville de Moulins, membre du Conseil d'hygiène et de salubrité de la même ville

MOULINS

IMPRIMERIE ET LITHOGRAPHIE DE FUDEZ FRÈRES
Rue du Vert-Galant (Fausses-Braies)

1868

AVANT-PROPOS

La cachexie aqueuse a sévi cruellement pendant tout l'hiver dernier sur l'espèce ovine du département de l'Allier. Ce fléau a fait de très-nombreuses victimes et détruit des troupeaux entiers. Il eut cependant été facile de prévenir les ravages de cette maladie par des soins hygiéniques mieux entendus. Mais, on ne saurait trop le répéter, le traitement de la pourriture est surtout préservatif : une fois déclarée, elle suit fatalement son cours et fait périr les animaux qu'elle attaque. Or, comme la cause principale de cette affection est l'humidité, nous insisterons sur l'influence de cette dernière sur l'organisation du mouton, et nous étudierons les moyens de prévenir cette épizootie meurtrière. Nous avons été aussi sobre que possible d'expressions scientifiques dans ce petit opuscule ; adressé aux propriétaires et aux fermiers, il devait avant tout être simple, clair et concis.

CACHEXIE AQUEUSE

La cachexie aqueuse a reçu différentes déno-
minations : appelée suivant les localités *gamme,*
gamadure, ganache, boule, bouteille, mal de foie,
foie pourri, elle est plus généralement connue sous
les noms de *cachexie aqueuse* ou de *pourriture.*

Causes de la maladie.

Les contrées et les localités froides et humides
ont le triste privilége de voir la cachexie sévir à
des époques fixes sur les troupeaux de bêtes à
laine ; les terres froides et argileuses, par la nature
des plantes qui croissent à leur surface, déter-

minent les mêmes résultats. Les prairies basses, marécageuses, submergées pendant une partie de l'année, où ne végètent que des renonculacées dédaignées des bêtes ovines, ou des laiches et des joncs sans valeur nutritive, amènent également une débilitation de l'économie telle, que les animaux condamnés à cette alimentation médiocre ne tardent pas à tomber dans le dépérissement.

Ces causes générales, qui tiennent à la constitution géologique du sol, agissent d'une manière permanente. Placé dans de semblables conditions l'éleveur de bêtes à laine devrait toujours exercer sur son troupeau la surveillance la plus active, et ne point s'écarter des règles hygiéniques que nous indiquerons plus loin au sujet du traitement préventif de cette maladie.

Quant aux causes accidentelles, qui viennent parfois s'ajouter aux conditions géologiques et climatériques, et dont nous avons eu un aussi triste exemple l'hiver dernier, ce sont les pluies abondantes et prolongées; l'usage de plantes gorgées de principes aqueux et dépourvues d'éléments réparateurs; le pacage dans des parcours bas, frais, boisés, humides, où ne se développent que quelques plantes maigres qui ne fournissent qu'une alimentation insuffisante.

Toutes ces causes peuvent se résumer en une seule, l'humidité ; humidité du sol et humidité des plantes ; et, comme conséquence, végétaux gorgés d'eau, sans valeur nutritive, et dont l'action prolongée sur l'organisation du mouton amène l'appauvrissement du sang.

L'influence de cette cause sur le développement de la maladie qui nous occupe est reconnue de tout le monde. C'est surtout après les pluies abondantes et prolongées que cette affection a sévi avec le plus d'intensité. On se rappelle encore les années exceptionnellement pluvieuses de 1853 et 1854, à la suite desquelles les départements du centre de la France furent décimés par l'épizootie.

Pendant longtemps on a considéré comme jouissant du fâcheux privilége de donner cette maladie, quelques plantes de la famille des renonculacées, des cyperacées, des joncées. Mais, comme ces végétaux viennent de préférence dans les prairies basses, humides et marécageuses ;

qu'ils ne contiennent que peu ou point de principes assimilables ; que du reste les troupeaux ne
trouvent dans des conditions semblables qu'une
nourriture très-médiocre, on admet généralement
aujourd'hui que c'est plutôt à l'insuffisance de
l'alimentation et non à l'influence des renoncules
ou de toute autre plante appartenant à la flore des
marais qu'est due la cachexie aqueuse.

Ces causes étant données, ration insuffisante,
pacages maigres et peu nutritifs, aliments avariés,
mouillés, plantes gorgées de principes aqueux, on
comprend facilement que la nutrition ne s'exécute
plus normalement et que la désassimilation l'em-
porte sur le mouvement contraire. Peu à peu, en
effet, les animaux maigrissent, le sang s'appauvrit,
et le besoin de réparation se fait d'autant plus
vivement sentir que la débilitation est plus grande.
Insensiblement le sang perd entièrement ses qualités plastiques, et l'usage des plantes aqueuses
augmente sa masse sans lui donner les propriétés
qui lui manquent. Cette prédominance d'eau dans
la masse sanguine entrave la nutrition ; les animaux perdent leur appétit, leur gaieté, leur vigueur;

ils maigrissent à vue d'œil ; des hydropisies se
forment dans les tissus ; la faiblesse devient de
plus en plus grande et les bêtes meurent dans
l'étisie.

Symptômes.

Lorsque la maladie qui nous occupe commence
à sévir sur un troupeau, il faut observer attenti-
vement les bêtes à laine pour reconnaître les pre-
mières attaquées. Cependant avec un peu d'habi-
tude on parvient à saisir les premiers signes par
lesquels se traduit cette affection. Tout d'abord
l'appétit devient capricieux, les animaux sont
moins vifs, moins alertes, et marchent la tête
basse à la queue du troupeau ; de plus, en exa-
minant de près les bêtes soupçonnées, on est
frappé de la pâleur de tous les tissus, de la mem-
brane de l'œil, de celle de la bouche, et même de
la peau dans les endroits où cette dernière est
dépourvue de laine.

Un peu plus tard, la faiblesse augmente et les

moutons se traînent péniblement ; ils recherchent les boissons qu'ils prennent avec avidité ; leur laine se détache avec la plus grande facilité ; la pâleur des membranes de l'œil et de la bouche est plus manifeste. En outre, à cette période, en pressant les paupières on fait saillir un bourrelet formé par la muqueuse de l'œil ; ce repli est blanc ou blanc-jaunâtre et caractérise la pourriture d'une manière toute particulière.

Au fur et à mesure que la maladie fait des progrès, la maigreur devient extrême ; la laine tombe par larges plaques ; les muqueuses se décolorent entièrement ; l'appétit fait complètement défaut ; la démarche devient chancelante et difficile et les femelles avortent fréquemment. On remarque également l'infiltration de l'auge désignée par les bergers sous les noms de bourse ou de bouteille. Cette grosseur, véritable œdème, provient du liquide épanché sous la peau, liquide qui, pendant que les animaux paissent, s'accumule en vertu des lois de la pesanteur dans les parties les plus déclives. Considérée par les bergers comme le premier signe de la maladie, cette grosseur est, au contraire, le symptôme d'une de ses dernières périodes.

Bientôt le mouvement nutritif s'arrête complètement, les fonctions sont suspendues, l'amaigrissement fait des progrès ; les animaux se couchent et ne peuvent plus se relever ; il se forme des infiltrations sous le ventre et sous la poitrine, et les malades succombent.

La pourriture ne sévit pas avec la même intensité sur tous les troupeaux ; ici, elle fait périr le dixième de l'effectif ; là une proportion plus considérable ; ailleurs presque toutes les bêtes ovines succombent ; plus loin elle amène la destruction de tout le troupeau. Sa durée dans une bergerie n'est pas moins variable ; dans les fermes où les pacages sont très-médiocres et où les bêtes à laine ne trouvent qu'une alimentation pauvre ; où la stérilité des terres tient à leur constitution géologique ; lorsqu'elles sont froides, argileuses, à sous-sol imperméable ; dans de semblables conditions, disons-nous, cette maladie est endémique et règne à peu près constamment, faisant périr chaque année un plus ou moins grand nombre d'animaux. Si, au contraire, les causes de l'affection sont accidentelles ; que l'année ait été exceptionnellement pluvieuse ou que la nourriture ait fait défaut pour un ou plusieurs motifs, le fléau peut durer, deux, quatre, six mois et même davantage ; mais il disparaît avec les causes qui lui ont donné naissance, et le nombre des victimes est en raison directe de l'intensité et de la durée de ces mêmes causes.

Il est une particularité remarquable de cette maladie difficile à expliquer. C'est que, étant donné deux troupeaux de la même race, du même âge, soumis aux mêmes conditions d'hygiène sous le rapport du logement et des pacages, vivant en un mot dans le même lieu et sous le même toit, il arrive que l'un des troupeaux est décimé par l'épizootie tandis que l'autre n'a pas un mouton malade. Dans le langage médical, en pareille circonstance, on invoque la prédisposition et la susceptibilité individuelles, l'idiosyncrasie de l'espèce, la résistance aux causes morbifiques, un génie épizootique, autant de mots qui n'expliquent rien. Ne vaut-il pas mieux avouer que dans cette bizarrerie de l'affection il y a une inconnue qui nous échappe ?

Autopsie des animaux morts de la pourriture.

Lorsqu'on fait l'ouverture des bêtes ovines qui ont succombé à la suite de cette maladie, on rencontre des désordres constants, invariables, qui attestent une altération grave de la masse sanguine. Les cadavres sont dans un état de maigreur très-prononcé ; on trouve sous la peau, notamment dans la région de la gorge, sous la poitrine et sous le ventre, une grande quantité de sérosité. Tous les tissus sont blancs, décolorés et flasques ; ils ressemblent à de la chair qu'on aurait fait tremper dans l'eau froide pendant plusieurs jours. Il y a des liquides dans les grandes cavités du corps, véritables hydropisies. Le cœur et les gros vaisseaux sont à peu près vides de sang, et ce dernier est moins rouge qu'à l'état normal ; la quantité d'eau contenue dans ce liquide est également en proportion plus considérable. Les organes riches en vaisseaux, cœur, poumons, foie, rate sont également pâles et décolorés. Une des lésions les plus constantes de la cachexie, c'est la présence dans le foie, la vésicule biliaire et l'intestin, d'une grande quantité de vers du genre *distome*. Deux espèces de ces parasites, le distome du foie et le distome lancéolé, se rencontrent en quantité prodigieuse dans les organes dont nous parlons. Mais ces vers sont-ils la cause ou l'effet de la maladie ? C'est un point que la science n'a pas encore élucidé. D'autres espèces de vers font irruption dans d'autres organes. Du reste, c'est le propre des organisations minées, faibles et languissantes, d'héberger des parasites, soit dans l'intérieur du corps, soit à la surface de la peau.

Traitement de la maladie.

Le traitement de la pourriture est plutôt hygiénique que médical. Une fois déclarée, la maladie suit fatalement son cours. Si l'on n'avait à traiter qu'une seule bête, et si l'affection était prise dès sa

première période, on aurait de grandes chances de
l'arrêter et de la guérir ; mais lorsqu'il faut instituer un traitement pour des troupeaux nombreux ;
qu'en outre des médicaments à employer, il faut
changer de fond en comble l'hygiène de la bergerie,
les propriétaires reculent le plus souvent devant
de semblables réformes, et préfèrent se débar-
rasser des animaux même à vil prix. C'est donc
à l'hygiène qu'il faut demander les moyens de
prévenir une semblable affection.

Mais ceci étant reconnu, le pays offre-t-il des
ressources suffisantes pour contre-balancer ou
annihiler les causes de la cachexie? Nous n'hésitons pas à répondre par l'affirmative.

Et, en effet, on peut le dire, le Bourbonnais
est en pleine voie de progrès et de prospérité
agricole ; l'aisance se répand à vue d'œil chez
l'habitant de la campagne. Le bétail qui sert à
l'exploitation du sol acquiert tous les jours, par
des croisements et des appareillements judicieux,
des qualités nouvelles ; il est beau, bien nourri,
bien entretenu, et il se vend énormément cher.
En vue de cette production du bétail, considérée

enfin comme une véritable industrie, et une des plus belles, vérité trop longtemps méconnue, la sole réservée aux fourrages et aux racines, dans les rotations de culture, prend de plus en plus d'extension. On fume, on chaule, on marne, on amende largement; on se procure à grands frais les engrais artificiels, guanos, phosphates, pour améliorer et fertiliser jusqu'au moindre lopin de terre. On défriche de vastes étendues de terrains, hier encore complètement stériles, qui après avoir été convenablement retournés, fouillés, défoncés, ameublis, amendés, donnent des récoltes abondantes, des fourrages en quantité. En un mot, on a marché jusqu'ici par le temps, mais on peut arriver à mieux ; on veut, avec le capital, faire de la culture intensive.

Or, si l'exécution des différentes opérations agricoles dont nous venons de parler est chose facile, il nous semble qu'avec un peu de bonne volonté on pourrait également consacrer quelques économies à l'amélioration des prairies et des pâturages ; drainer celles qui sont trop humides, pratiquer des rigoles d'écoulement, creuser des fossés, opérations qui auraient pour résultat, non-seulement d'assainir les localités voisines, mais encore de transformer en bons et excellents herbages de misérables terrains sans valeur. Quelques fumures et quelques engrais achèveraient de résoudre le problème. On pourrait ensuite y envoyer les troupeaux avec la certitude de les voir prospérer et rapporter largement les revenus des capitaux avancés.

Oui, drainez, assainissez, répèterons-nous, et ainsi disparaîtra la cause principale de la pourriture, et ainsi le sol sera débarrassé des eaux qui le rendent impropre à la culture; car dans un terrain humide les plantes pâtissent à cause de l'excès d'eau et du manque d'air dans le voisinage des racines. Cette opération agricole ne s'est malheureusement pas encore assez généralisée; mais elle n'est pas moins destinée à opérer une véritable révolution dans les conditions économiques de la production du sol et dans l'hygiène générale. Que si la réalisation de ces grands travaux est absolument impossible; demandez à l'hygiène les enseignements propres, sinon à annihiler complètement l'influence pernicieuse des climats, des localités, des terrains froids et humides, du moins à atténuer notablement les ravages de l'épizootie.

Ces moyens, nous allons les formuler brièvement.

1° Lorsque l'année aura été exceptionnellement humide et qu'il y aura lieu de redouter l'invasion de la maladie, on nourrira les animaux à l'étable, soit avec des fourrages secs, foin, luzerne, sainfoin, ray-grass ; soit avec des grains, orge. avoine, vesces ; soit avec du son ou des farineux sous forme de provende. On ajoutera à ces derniers un gramme par tête et par jour d'oxyde de fer, et on disposera à la portée des bêtes quelques pierres de sel gemme qu'elles pourront lécher de temps en temps.

2° Pendant les journées pluvieuses, on gardera les moutons à la bergerie ; en aucun temps on ne les enverra dans les endroits boisés, bas et humides.

3° Tous les jours on attendra, pour conduire les bêtes aux pacages, que le soleil ait dissipé la rosée et les brouillards, et on les rentrera avant la nuit.

4° Et enfin dans les fermes où les troupeaux ne reçoivent habituellement qu'une nourriture parci-monieuse ; où les pacages sont maigres et chétifs ; où les ressources pour la nourriture d'hiver sont insuffisantes, il faudra absolument faire quelques sacrifices et nourrir à l'étable sous peine de voir les animaux décimés par l'épizootie.

Tels sont les moyens hygiéniques les plus pro-pres à prévenir la pourriture des bêtes à laine ; ils ont l'immense avantage d'être plus facilement mis en pratique, moins dispendieux, et plus en rapport avec les ressources de la ferme que les médicaments.

Il nous reste maintenant à examiner la valeur des agents médicamenteux que l'on a tour à tour conseillés pour combattre la maladie en question.

Hâtons-nous de le dire, nous n'avons pas grande confiance dans la série des médicaments employés, et nous allons en exposer les nombreux motifs.

Et d'abord ce n'est que lorsque la maladie a exercé ses ravages sur un troupeau que l'on est

appelé à instituer un traitement ; les bêtes attein-
tes du fléau sont déjà malades depuis quelque
temps ; l'appétit de ces animaux, ainsi que nous
l'avons vu dans l'exposé des symptômes, fait défaut ou est à peu près nul ; la nutrition est altérée ;
le fluide sanguin a perdu ses qualités plastiques :
il est devenu peu abondant, peu coloré, il s'est
appauvri en un mot. Or, dans des conditions pa-
reilles, et en admettant qu'il y ait un nombre
considérable de bêtes affectées, il ne s'agit pas
seulement de trouver le tonique ou le ferrugineux
le plus propre à enrayer le mal, il faut encore le
faire prendre aux animaux malades ; l'administrer
le plus souvent de force, l'appétit faisant complètement défaut ; procéder ainsi pour tous les animaux malades ; répéter ce travail plusieurs fois
par jour pendant des mois entiers ; avoir enfin une
ou plusieurs personnes en permanence à la bergerie
pour s'acquitter de cette tâche avec habileté.

On le voit, il y a, pour que le traitement médicamenteux se fasse exactement, des difficultés
nombreuses.

M. le professeur Delafond, de l'école d'Alfort, a

recommandé contre la cachexie l'usage d'un pain qu'il dit doué d'une grande efficacité et dont voici la formule :

Farine de blé non blutée............	5 kilog.
Farine d'avoine.................	10 kilog.
Farine d'orge	10 kilog.
Protosulfate de fer pulvérisé.........	15 grammes
Bicarbonate de soude.............	15 grammes.
Sel marin	1 kilog.

Faites une pâte avec quantité suffisante d'eau, laissez fermenter, faites cuire au four et distribuez aux moutons à la dose de 50 grammes par jour et par tête.

Sans doute que ce pain est doué de propriétés alibiles et toniques très-prononcées ; sans doute que sous cette forme les moutons le prennent assez volontiers à cause de sa saveur agréable. Mais il ne faut pas s'exagérer ses propriétés curatives, et le considérer comme un remède souverain. Au début ou à la première période de la maladie, il peut donner d'excellents résultats ; plus tard il échoue comme tous les autres médicaments. Nous ne lui donnons pas moins la préférence sur tous les autres ingrédients prônés par les agronomes et les vétérinaires en raison de sa forme, de son goût et de la facilité de son administration.

Les autres agents recommandés également contre la pourriture, sont :

Le vin de quinquina, le vin de gentiane, le vin aromatique, les écorces de saule, de chêne, les baies de genièvre concassées, la tanaisie, l'armoise, la chicorée sauvage en feuille ou en poudre, les plantes aromatiques, sauge, thym, serpolet, hyssope, menthe poivrée, origan en infusion, etc.

Nous venons d'exposer les différents moyens tirés de l'hygiène et de la pharmacie que la science médicale oppose à la cachexie aqueuse. Entre ces divers moyens, le plus sûr, le plus infaillible, réside sans contredit dans une bonne et rigoureuse observation des règles hygiéniques formulées plus haut. Nous avons la certitude qu'en les mettant en pratique on arrêterait la maladie chez les animaux déjà affectés, et on en préserverait le reste du troupeau.

De l'usage de la viande.

Peut-on faire usage de la viande des moutons atteints de la pourriture? Nous n'hésitons pas à répondre par l'affirmative à cette question importante au point de vue de l'hygiène publique.

Il est vrai que la viande de ces animaux a perdu une partie de ses qualités nutritives; elle est molle, un peu décolorée, moins succulente et moins ferme que celle d'un mouton sain, et elle éprouve par la cuisson un déchet considérable; mais elle n'est pas moins bonne à manger et parfaitement salubre. Lorsque la maladie touche à sa fin, que la maigreur des animaux est extrême, que déjà des infiltrations de liquides existent dans différentes parties du corps, la viande peut être considérée avec raison comme étant de qualité inférieure, mais elle n'est nullement nuisible. Et c'est avec regret que nous avons vu plusieurs fois, à la campagne, enfouir des animaux morts de la pourriture, qui auraient très-bien pu servir à l'alimentation de nombreux travailleurs.

Moulins. — Imp. FUDEZ Frères.

www.ingramcontent.com/pod-product-compliance
Lightning Source LLC
LaVergne TN
LVHW012118170726
843501LV00008BC/2921